Bibliografische Information der Deutschen Nationalbibliothek:

Die Deutsche Bibliothek verzeichnet diese Publikation in der Deutschen Nationalbibliografie; detaillierte bibliografische Daten sind im Internet über http://dnb.d-nb.de/ abrufbar.

Impressum:

Druck und Bindung: Books on Demand GmbH, Norderstedt Germany
ISBN: 978-3-668-15655-5

Dieses Buch bei GRIN:

http://www.grin.com/de/e-book/316683/fracking-in-den-usa-entstehung-und-foerderung-von-schiefergas-durch-hydraulic

Cordula Zimmermann

Fracking in den USA. Entstehung und Förderung von Schiefergas durch Hydraulic Fracturing

Dient Schiefergas als verlässliche Energiequelle in der Zukunft?

GRIN Verlag

Hausarbeit im Fach Geographie
Pädagogische Hochschule
Weingarten

Seminar: Mensch-Umwelt-System

FRACKING

IN DEN VEREINIGTEN STAATEN VON AMERIKA -

Dient Schiefergas als verlässliche
Energiequelle in der Zukunft?

Cordula Ehrhart

Inhalt

Abkürzungsverzeichnis

bzw.	beziehungsweise
Bio.	Billion(en)
BIP	Bruttoinlandsprodukt
ca.	circa
CBM	Coal Bed Methane = Kohleflözgas
CO_2	Kohlenstoffdioxid
DEP	Department for Environmental Protection
d.h.	das heißt
ebd.	ebendiese(r)
EIA	U.S. Energy Information Administration
ha	Hektar
IEA	International Energy Agency
kWh	Kilowattstunden
l	Liter
m^2/m^3	Quadratmeter/Kubikmeter
mg	Milligramm
Mio.	Million(en)
Mrd.	Milliarde(n)
o.A.	ohne Angabe
U.S.	United States
USA	Länderkürzel der Vereinigten Staaten von Amerika
WTI	Western Texas Intermediate

Abbildungsverzeichnis

Einleitung

Der globale Energiebedarf hat sich seit 1965, also in nur 50 Jahren, mehr als verdreifacht. Dies bedeutet einen Anstieg von jährlich 2,5% an verbrauchter Energie. Auch heute noch stehen fossile Brennstoffe an erster Stelle der Energieträger, allen voran das Erdöl, dessen Anteil sich aber bereits auf ca. 1/3 verringert hat. Es folgen Kohle mit 30% und Erdgas mit 25%. Erfreulicherweise lässt sich sagen, dass Energie aus Atomkraft nur noch einen 5-prozentigen Anteil trägt, während zeitgleich die Entwicklung der erneuerbaren Energien kontinuierlich steigt. Auch in Zukunft wird der steigende Energiebedarf anhalten: laut einer Prognose der U.S. Energy Information Administration (EIA) von 2010 bis 2035 um 60%, wobei Erdöl und Kohle ein Rückgang sowie Erdgas ein steigender Anteil am weltweiten Energiemix zugesprochen wird. Die Nachfrage nach Gas wird laut EIA um annähernd 50% steigen und Erdgas sich somit zum Primärenergieträger entwickeln.

All diese Entwicklungen führten bereits in den vergangenen Jahrzehnten dazu, dass die Förderung von Erdgas weiter vorangetrieben und die benötigten Technologien weiterentwickelt und optimiert wurden. Dabei machte besonders in den letzten beiden Jahrzehnten die Methode des Hydraulic Fracturing von sich reden, mit deren Hilfe Schiefergas heutzutage effizient gefördert werden kann.

Die vorliegende Arbeit handelt auf Grund der Aktualität dieser Thematik von der Entstehung von Schiefergas sowie seiner Förderung durch Hydraulic Fracturing und behandelt die Vorteile und Risiken, welche sich aus der Schiefergasförderung ergeben. Ebenso zeigt diese Arbeit die Entwicklungen in den Vereinigten Staaten von Amerika auf, welches als Mutterland des Hydraulic Fracturing gilt - ist Schiefergas tatsächlich die Lösung für die Zukunft und den stetig steigenden Energiebedarf?

1. Schiefergas

1.1 Definition und Entstehung von Schiefergas

Schiefergas zählt zu den sogenannten unkonventionellen Gasvorkommen, das bedeutet, es ist in sedimentären Lagerstätten mit sehr geringer Permeabilität gespeichert und äußerst schwer zugänglich, da das Gas zur Förderung zunächst durch menschliches Einwirken mobilisiert werden muss (Simon et.al. 2013, S.9; Delzeit et. al. 2013, S.1; Burgartz 2013, S.73). Die explizite Erläuterung dieser Technik findet im nächsten Teil der vorliegenden Arbeit statt. Zunächst wird die Entstehung von Schiefergas beleuchtet.

Der erste Schritt bei der Genese von Erdgas und auch Erdöl liegt in der Ablagerung organischen Materials, also der Überreste von Lebewesen - meist waren dies große Landpflanzen. In den feuchten Tropen und Subtropen kam es auf Grund der umfangreichen Flora und Fauna zu einer besonders großen Sedimentation. Durch den Vorgang der Verwesung wurden diese Substanzen zu Kohlendioxid sowie Wasser zersetzt, wozu allerdings Sauerstoffkontakt von Nöten ist. Zeitweise waren jedoch manche der Sedimente in einer anoxischen Umgebung eingeschlossen - beispielsweise in Sumpflandschaften - und die Zersetzung konnte nicht stattfinden: hier bildete sich Torf. Durch einen Wechsel von Meeresspiegelanstieg und -rückgang lagerten sich einerseits Gesteinspartikel, vor allem Sand und Ton, ab, andererseits bevölkerte die Vegetation die zwischendurch trockenliegenden Gebiete. Diese Wechselseitigkeit bewirkte eine Sedimentabfolge von sandigen und tonigen Schichten mit dazwischenliegenden Torfschichten (WEG 2008, S.9). Durch die immer weiter fortschreitende Sedimentation jüngerer Schichten stieg der Druck und die Schichten wurden nach unten gepresst. Daraus resultierte ein Temperaturanstieg um ca. 30°C pro 1000 Meter Tiefe. Bei einer Temperatur von 60°C transformierte sich das organische Material zunächst zu Erdöl, bei etwa 120-180°C und einer Tiefe von 4000-6000 Metern dann zu Erdgas (ebd., S.10). Das Zusammenspiel der vorherrschenden Temperatur mit Tiefe und Zeit bestimmt dabei den Grad der Zersetzung: je höher Druck und Temperatur und je länger die verstrichene Zeit, desto schneller werden die Sedimentationen in den einfachsten Bestandteil zersetzt: Methan - oder auch CH_4, aus dem Erdgas aus etwa 90% besteht (Europaparlament 2011, S.12). Im späten Erdaltertum, genauer im Oberkarbon vor 290 bis 315 Millionen Jahren, kam es in Nordamerika sowie in großen Teilen Mittel- und Nordeuropas zu solchen Prozessen; diese Kontinente lagen zur damaligen Zeit nahe des Äquators. Durch die Kontinentalverschiebung wanderten diese Gebiete im Laufe der Jahrmillionen zunehmend nach Norden (WEG 2008, S.10) und in die heute bekannte Position.

Üblicherweise entwichen die nun entstandenen flüssigen und gasförmigen Kohlenwasserstoffe aus der Ausgangsformation und verlagerten sich in poröse und somit permeable Gesteinsschichten, welche im Laufe der Zeit von impermeablen Schichten überdeckt wurden und somit den weiteren Aufstieg nicht möglich machten: es entstanden Gas- und Öllagerstätten. Einige bildeten sich in sehr festem, undurchlässigem Gestein - sogenanntes Speichergestein -, weshalb diese Vorkommen als „Tight-Gas“ bzw. „Tight-Öl“ bezeichnet werden. Eine weitere Möglichkeit ist die Entstehung von kohlebürtigem Methan, auch bekannt als Kohleflözgas oder Coal Bed Methane (CBM), welches ausnahmslos in Kohlelagerstätten vorkommt. Allerdings können sich die Vorkommen auch in anderen Gesteinsformationen befinden, beispielsweise in Schiefer, Ton oder anderem feinkörnigen Gestein mit geringer Permeabilität, welches die Lagerung in feinen Rissen oder kleinen Porenräumen ermöglicht. Diese Vorkommen nennen wir Schieferöl bzw. Schiefergas. Beinhaltet eine Lagerstätte beides, wird sie als 2-Phasen-Lagerstätte bezeichnet. Die Bezeichnung Lagerstätte kommt jedoch nur dann zum Tragen, wenn große Mengen Kohlenwasserstoffe vorhanden sind und die wirtschaftliche Förderung möglich ist (ebd., S.11).

Gemessen an konventionellen Erdgasvorkommen ist der Gasgehalt in den unkonventionellen Lagerstätten relativ gering. Auch sind sie meist über große Areale verstreut und besitzen eine geringe Permeabilität. All dies sind Einflüsse auf die Fördermenge pro Bohrloch, welche sehr viel geringer ist als in konventionellen Vorkommen. Somit stellt die effiziente Förderung des Schiefergases eine große Herausforderung dar und erfordert komplexe Technologien sowie große Mengen an Frischwasser und den Einsatz von Chemikalien. Es sind also die Fördermethoden, welche zu der Bezeichnung „unkonventionell“ geführt haben (Europaparlament 2011, S.13).

1.2 Vorkommen von Schiefergas

In der Fachsprache wird unterschieden zwischen den Reserven fossiler Energieträger, das sind die nachgewiesenen und mit der heutigen Technologie wirtschaftlich förderbaren Mengen, und den Ressourcen, also den nachgewiesenen, aber derzeit wirtschaftlich oder technisch bedingt nicht förderbaren Mengen. In Deutschland werden die Schiefergasvorkommen allein aufgrund des fehlenden politischen Konsenses zu seiner Förderung als Ressourcen gewertet.

Durch die innovativen Produktionstechnologien erhöhte sich in den vergangenen Jahren trotz dem weltweit steigenden Verbrauch die Reichweite besonders für Erdgas. Dadurch verändert sich auch die Verteilung von Ressourcen und Reserven: Vorkommen, die vor einigen Jahren als Ressourcen und somit zugleich als nicht förderbar galten, haben sich mit fortschreitender Modernisierung zu förderbaren Reserven entwickelt, und die

Reichweite wächst an. Unter Berücksichtigung dieser Entwicklung werden bei der Berechnung der Reichweite daher auch die Ressourcen miteinbezogen, wodurch sich die Reichweite von Erdgas auf 180 Jahre verdreifacht (Pflüger et.al 2013, S.13). Die global nachgewiesenen Reserven erhöhten sich seit 1980 auf mehr als das Doppelte: Stand zu Anfang des Jahres 2010 waren 190 Bio. m^3 (IGU 2014).

Oftmals fungieren Tongesteine aufgrund ihres reichen Gehalts an zersetztem organischem Material als Speichergestein für Schiefergas. Einem EIA-Bericht aus dem Jahre 2013 zufolge existieren weltweit 95 Sedimentbecken in 41 Ländern, bei welchen man davon ausgeht, auf große Mengen Tonstein zu stoßen (GFZ o.A.: Wo kommt es vor?). Da jedoch nicht alle Tonsteine ausreichend Erdgas für die Förderung enthalten, wird zunächst eine geologische Modellierung durchgeführt, welche erste Informationen über den Untergrund liefert und so die Aussicht auf Erfolg erhöhen soll. Schließlich ist die Suche nach Erdgaslagerstätten mit immensen Investitionen und auch wirtschaftlichen Risiken verbunden. Die Eingrenzung durch geophysikalische Untersuchungen ist daher von außerordentlicher Wichtigkeit und geschieht mit Hilfe der 3D-Seismik. Dieses Verfahren erlaubt eine digitale dreidimensionale Darstellung des Untergrundes bis in Tiefen von 6000 Metern und basiert auf Schallwellen, welche von den unterschiedlichen Gesteinsschichten auch unterschiedlich reflektiert werden. Mit Hilfe von Geophonen werden diese dann digital aufgezeichnet und analysiert. Im weiteren Verlauf werden die so gewonnenen gesteinsspezifischen Daten ausgewertet und beispielsweise zu Karten oder Profilen aufbereitet, mit denen anschließend im Gelände gearbeitet und der optimale Bohrungsverlauf festgelegt werden kann. Zur endgültigen Verifikation der Daten wird eine Probebohrung durchgeführt (WEG 2008, S. 12ff). Wurde tatsächlich eine Erdgaslagerstätte entdeckt, sind weitere Bohrungen für die Erkenntnisgewinnung notwendig. Von großem Interesse ist die Ausdehnung der Vorkommen, aber auch andere physikalische, geologische und technische Faktoren - genauer die Anzahl, der Abstand sowie die Art der Bohrungen (horizontal oder vertikal), die Beschaffenheit des Untergrundes usw. - sind maßgebend für die Förderungskosten. Führen Probebohrungen jedoch nicht zum erwünschten Ergebnis und die Erwartungen, auf eine Lagerstätte zu treffen werden nicht erfüllt, wird das Gelände wieder in seinen Ursprungszustand versetzt (ebd., S.20f).

Wie bereits zuvor erwähnt, weitete sich die Förderung sowohl konventioneller als auch unkonventioneller Energieträger als Resultat der optimierten Produktionstechnologien in den vergangenen Jahrzehnten aus. Die vorliegende Arbeit beschäftigt sich vorwiegend mit den Schiefergasvorkommen und der Produktion in den USA, welche dort durch die umfangreiche Förderung und Produktion für weitreichende Veränderungen sowohl am

Arbeits- als auch am Energiemarkt verantwortlich ist und sich ebenfalls auf den weltweiten Gaspreis ausgewirkt hat. Bevor jedoch die Situation in den USA explizit dargestellt wird, werden die Vorkommen rund um den Globus kurz beleuchtet. Für andere Länder ist die Schiefergasförderung in den USA ein Vorbild und gleichzeitig anzustrebendes Ziel. Das ist allerdings nur mit ausreichend großen Vorkommen möglich.

China

BGR-Schätzungen zufolge lagern hier 8,6 Bio. m^3 Schiefergasvorkommen, außerdem auch insgesamt noch 22,9 Bio. m^3 Kohleflöz- bzw. Tight-Gas-Vorkommen (Pflüger et.al. 2013, S. 24). Dies deckt sich mit den Angaben der International Energy Agency (IEA), welche die chinesischen Vorkommen mit 31 Bio. m^3 beziffern (Delzeit et al. 2013, S. 2). Somit könnte der Industrieriese nicht nur seinen stark steigenden Energiebedarf decken, sondern auch die Emissionen bedeutend senken. Immerhin vervierfachte sich die Gasnachfrage der EIA zufolge innerhalb des Jahres 2010 (Pflüger et.al. 2013, S.24), und ebendiese prognostiziert einen weiteren Anstieg von 90% auf 315 Mrd. m^3 bis ins Jahr 2019 (Schwan 2014). Die Schiefergasförderung in Höhe von 60 Mrd. m^3 bis 2020 wurde bereits in den letzten Fünfjahresplan des Landes aufgenommen und der Ausbau der benötigten Infrastruktur wurde ebenfalls veranlasst. Ein großes Problem wird aller Voraussicht nach jedoch die Wasserknappheit und Bevölkerungsdichte in den Gebieten der Vorkommen darstellen (Pflüger et.al. 2013, S. 24f). Die bisherigen Erkundungen führten außerdem oftmals zu der Erkenntnis, dass die Vorkommen weitaus tiefer liegen als z.B. in den USA - dies würde einen größeren Aufwand und höhere Kosten bedeuten. Als Resultat dieser Erkenntnisse wurde das Fünfjahresziel auf 30 Mrd. m^3 reduziert (Schwan 2014).

Russland

Der führende Gaslieferant beherbergt die größten Mengen konventioneller Vorkommen und lag als Exporteur im Jahr 2011 an erster Stelle weltweit. Aus diesem Grund besteht in Russland derzeit nicht das Bestreben nach Schiefergasförderung (Pflüger et.al. 2013, S. 25f), zumal diese Vorkommen mit 9,5 Bio. m^3 recht gering sind (ebd., S.15).

Australien

Hier wurden 11,2 Bio. m^3 Schiefergas entdeckt - mehr als das Doppelte der konventionellen Vorkommen (Pflüger et.al. 2013, S. 25). Allerdings gab es vor Ort bereits Probleme bezüglich der Grundwasser- sowie Luftverschmutzung, weshalb ein Moratorium zur Schiefergasförderung verhängt wurde. Bestehende Regeln und Auflagen wurden bereits verstärkt, für den Fall einer Wiederaufhebung des Moratoriums (Krüger 2011).

Lateinamerika (ohne Mexiko)

Lateinamerika verfügt mit 34,8 Bio. m³ über die zweitgrößten Schiefergasvorkommen überhaupt, wobei sie zu 63% in Argentinien liegen (Pflüger et.al. 2013, S. 15; Delzeit et al. 2013, S. 2). Im Jahr 2013 unterzeichnete das amerikanische Unternehmen Chevron ein Investitionsabkommen und gewährte dadurch dem Konzern eine Fracking-Konzession für die kommenden 35 Jahre (Vogt 2013).

Afrika

Für Afrika stellen seine Schiefergasvorkommen einen Ausweg aus der Armut dar. Dies ist bei Vorkommen von 30,5 Bio. m³ allein an Schiefergas nicht ganz unbegründet, zumal zusätzlich 33 Bio. m³ konventioneller Vorkommen bestehen (Pflüger et.al. 2013, S.15). Anthony Curtis vom Shell-Konzern bezeichnet die Funde als „nationalen Schatz“, welcher Potenzial hat, die Region zu verändern: „Es gäbe hier mehr Verkehr, aber auch mehr Jobs und mehr Infrastruktur“ (3sat 2014). Das Vorhaben, in Afrika Fracking zu betreiben, stößt allerdings auf Grund der Landgrabbing-Problematik auf große Kritik (Fig 2013).

Naher Osten

Ab wann hier die Förderung der geschätzt 16 Bio. m³ Schiefergas beginnt, ist noch nicht bekannt. Ein Grund hierfür ist der Bezug von Frischwasser, welches im Wüstenstaat ein knappes Gut darstellt. Als größter Ölproduzent wird Saudi-Arabien womöglich bis 2020 von den USA überholt werden (Pflüger et.al. 2013, S.26).

Europa

In Europa wird derzeit noch über die Schiefergasförderung diskutiert. Die Datenerfassung steht noch am Anfang, da bis dato nur wenige Bohrungen durchgeführt wurden (GFZ o.A.: Wo kommt es vor?). Die IEA beziffert die technisch entnehmbaren Schiefergasressourcen auf 13 Bio. m³ (Delzeit et al. 2013, S.2), wovon sich alleine 60% gleichermaßen auf Polen und Frankreich verteilen. Aktivitäten zur Lokalisierung möglicher Lagerstätten gibt es bereits, auch erste Bohrungen wurden unter anderem in Polen, England, Österreich, Deutschland und Schweden durchgeführt (BGR o.A.). Mit dem starken Preisverfall von Kohle sanken jedoch die Anreize für Investitionen in innovative Technologien; zusätzlich ging durch die milden Winter die Gasnachfrage um knapp 10% zurück. Die Möglichkeit, in Deutschland Schiefergas im Stil der USA zu fördern, bestünde zwar - man könnte laut BGR den Gasbedarf für 13 Jahre decken - allerdings sind die Vorkommen mit 1,3 Bio. m³ relativ gering und somit nicht annähernd ähnliche Effekte wie in den USA zu erzielen (Pflüger et.al. 2013, S. 26f). Auch die öffentliche Debatte und Gegenwehr tragen dazu bei, dass in Deutschland und anderen europäischen Ländern die Schiefergasexploration (noch) nicht stattfindet (BGR o.A.).

Vereinigte Staaten von Amerika

In den USA führte die Entwicklung der Schiefergasförderung seit Anfang dieses Jahrtausends zu tiefgreifenden Veränderungen sowohl am Energie- als auch am Arbeitsmarkt und hatte zusätzlich große Auswirkungen auf den globalen Gas- und auch Ölpreis. Nordamerika (USA zusammen mit Kanada und Mexiko) verfügt über 36,5 Bio. m³ Schiefergasressourcen, wobei einzig in den USA mit einem Anteil von 13,7 Bio. m³ die Produktion in wirtschaftlich relevantem Maße betrieben wird. Zum Vergleich: der weltweit größte Gaslieferant Russland verfügt über 9,5 Bio. m³ Schiefergas, das sind 88,8% aller Schiefergasvorkommen in den GUS-Staaten, welche allerdings noch über 110,4 Bio. m³ weitere Erdgasressourcen verfügen (Pflüger et.al. 2013, S. 15).

Gemeinschaft Unabhängiger Staaten

Das ist ein loser Zusammenschluss von 12 Teilrepubliken der ehem. Sowjetunion. Gegründet im Jahr 1991 von Russland, Belarus und der Ukraine, wurde sie durch den Beitritt von Armenien, Aserbaidschan, Kasachstan, Kirgistan, Republik Moldau, Tadschikistan, Turkmenistan, Usbekistan sowie zuletzt Georgien in 1993 ergänzt. Die Idee eines engen politischen Zusammenschlusses mit Russland als Führungsinstanz wurde verworfen.

(Bundeszentrale für politische Bildung, 2011)

Über 40% der gesamten Erdgasproduktion der USA stammt bereits heute aus unkonventionellen Vorkommen - der alleinige Anteil von Schiefergas lag im Jahre 2009 bereits bei 14% und wird laut einer Prognose der EIA bis im Jahr 2035 auf 45% ansteigen (Horsfield et al. 2011, S. 24). Nicht umsonst gelten die USA als das Shale-Gas-Mutterland.

Begonnen hat alles im Barnett Shale in Texas: dort wird seit den späten 1990er Jahren Schiefergas gefördert. Seit Beginn der Ausweitung der Förderung auf ein kommerzielles Niveau hat sich die Fördermenge vervierfacht, während gleichzeitig der Preis um zwei Drittel gesunken ist. Somit könnten die USA Russland als führenden Gasproduzent ablösen (Pflüger et.al. 2013, S.29; Bülow 2015, S.6). Explizite Erläuterungen zur Situation in den USA folgen im Kapitel 3 dieser Arbeit.

2. Hydraulic Fracturing

2.1 Definition von Hydraulic Fracturing

Hydraulic Fracturing, häufig auch als Fracking bezeichnet, bedeutet wörtlich übersetzt „hydraulisches Aufbrechen“ und bezeichnet ein Verfahren zur Stimulation unkonventioneller Erdgaslagerstätten - explizit: die Erzeugung von Rissen in der Erde mittels einer unter Druck eingepressten Flüssigkeit. Die Erzeugung der Risse ist notwendig, da sich die Vorkommen in sehr dichtem Gestein weit unterhalb der Erdoberfläche befinden (Simon et.al. 2013, S.9; Horsfield et al 2011, S. 25). Ziel dieses Prozesses ist es, Wegsamkeiten für das unter der Erde gespeicherte Erdgas zu schaffen, so dass eine rentable Förderung möglich ist.

Die während des Vorgangs eingesetzte Flüssigkeit wird auch als Frac-Fluid bezeichnet und besteht aus Wasser versetzt mit einem Mittel zur Stabilisierung sowie einigen chemischen Zusätzen. Der Stabilisator, in der Regel Quarzsand, ermöglicht, dass die erzeugten Risse im Gestein geöffnet bleiben und das Erdgas somit über die Bohranlage zur Oberfläche strömen kann. Chemikalien werden zugesetzt um zu gewährleisten, dass erstens Wasser und Quarzsand eine Suspension bilden und zweitens keine Bakterien über das Bohrgestänge in die Erdgasvorkommen gelangen. Die konkrete Zusammensetzung des Frac-Fluids, welches im Anschluss an den Bohrvorgang bestimmungsgemäß und umweltschonend entsorgt werden muss, variiert abhängig von den Charakteristika einer Lagerstätte, also beispielsweise Gesteinsart oder Tiefe der Lagerstätte (team ewen). Offiziellen Angaben zufolge besteht es aus 98% Wasser und Sand mit lediglich 2% chemischen Zusätzen. Laut Europaparlament können die Chemikalien allerdings toxische, allergene sowie karzinogene Partikel beinhalten (Europaparlament 2011, S.31).

Ein vom Europaparlament publiziertes Beispiel aus Deutschland zeigt die Zusammensetzung des Frac-Fluids welches in Niedersachsen eingesetzt wurde und ist in der folgenden Grafik visualisiert (ebd., S.33).

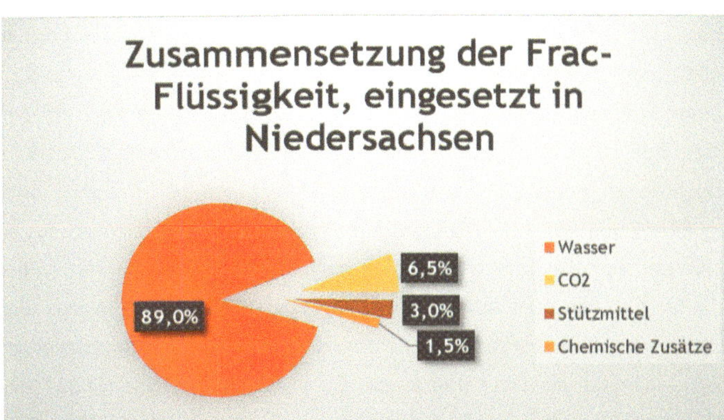

Abbildung 1: Zusammensetzung des Frac-Fluids in Niedersachsen

(eigene Darstellung, nach Europaparlament 2011, S.33)

Die explizite Zusammensetzung der Fracking-Flüssigkeit gilt als Betriebsgeheimnis und muss nicht veröffentlicht werden - dies stößt auf Grund der beinhalteten Chemikalien auf großen

Unmut in der Bevölkerung. Die US-amerikanische Umweltbehörde EPA ließ verlauten, dass rund 600 verschiedene Substanzen zum Einsatz kommen (BGR o.A.). Der Staat New York veröffentlichte eine Liste von Substanzen, welche aus einer Analyse einer Fracking-Flüssigkeit stammt. Von dieser Liste stammen beispielhaft die nachfolgenden Ergebnisse.

- 58 der 260 analysierten Stoffe gelten als besorgniserregend
- Sechs Stoffe, nämlich Acrylamid, Benzol, Ethylbenzol, Acetophenon, Naphtalin sowie Ethylendiamintetraessigsäure, werden wegen ihrer möglichen Auswirkungen auf Mensch und Umwelt von der Europäischen Kommission mit oberster Priorität gelistet
- Naphtalin wird außerdem gegenwärtig auf seine Giftigkeit und Bioakkumulation, d.h. die Aufnahme der Substanz durch beispielsweise die Nahrung, untersucht
- Sechs der analysierten Stoffe gelten als stark karzinogen
- 38 Substanzen sind für Menschen hochtoxisch
- 7 weitere Substanzen gelten als mutagen

(Europaparlament 2011, S.31f.)

Diesen Ergebnissen nach zu urteilen, lässt sich die Gegenwehr aus der Bevölkerung nachvollziehen. Derzeit forschen die betroffenen Unternehmen an der Entwicklung neuartiger Fluide unter dem verringerten Einsatz von Chemikalien und Zusatzstoffen.

Auch wenn die Methode des Hydraulic Fracturing in den vergangenen Jahren vermehrt Schlagzeilen in den (deutschen) Medien machte, so ist das Verfahren keineswegs neu: Erstmals wurde es im Jahr 1949 in den Vereinigten Staaten von Amerika eingesetzt; in Deutschland wird es bereits seit etwa 50 Jahren, wenn auch nur in geringem Ausmaß (ca. 300 Fracking-Prozesse seit 1961; GFZ o.A.), angewandt. Ein Grund für die geringe Förderung in Deutschland bzw. Europa sind Bedenken die Umweltverträglichkeit betreffend. So könnte Fracking natürlich vorkommenden und für Menschen giftigen Substanzen wie Arsen oder Blei ermöglichen, durch die künstlich erzeugten Risse in wasserführende Schichten zu gelangen (Europaparlament 2011, S.34). Fracking wird weltweit nirgends außer in den USA in wirtschaftlich relevantem Umfang betrieben, da sich in anderen Ländern zumeist Umweltschutzauflagen, ungeklärte Haftungsfragen, benötigte aber meist nicht vorhandene Infrastruktur und andere Hindernisse in den Weg stellen. Auch sind die gesicherten Schätzungen zu den förderbaren Schiefergasreserven nicht zuverlässig genug, wie sich einst in Polen zeigte. Dort beliefen sie sich auf 187 Bio. m^3, reduzierten sich allerdings infolge der Untersuchungen auf 34-76 Mrd. m^3, woraufhin sich sämtliche Investoren zurückzogen. In anderen Ländern, z.B. Frankreich, wurden Moratorien verhängt oder aber die Bevölkerung wehrte sich vehement gegen die

Aufnahme von Frackingaktivitäten (Niederlande, Deutschland, Spanien). Länder wie Mexiko, Argentinien, Kanada oder auch China stehen diesem Unterfangen weitaus offener gegenüber (Pflüger et.al. 2013, S. 35), wie bereits in Abschnitt 1.2 dieser Arbeit berichtet wurde.

2.2 Positive Auswirkungen von Fracking

2.2.1 Ökonomische Auswirkungen

Dass Fracking zu zahlreichen positiven Entwicklungen in der amerikanischen Wirtschaft geführt hat, ist nicht von der Hand zu weisen. Allein rund 1,7 Millionen neue Arbeitsplätze sind durch den Fracking-Boom entstanden, und man geht davon aus, dass diese Entwicklung weiter anhält. Außerdem führten die Erschließung und der Ausbau der benötigten Infrastruktur zu Investitionen in Höhe von 1% des US-amerikanischen Bruttoinlandproduktes - in Zahlen ausgedrückt also knapp 140 Mrd. US-Dollar. Dies lässt sich gleichsetzen mit 10% aller Sachanlageninvestitionen (Pflüger et.al. 2013, S. 29). Berücksichtigt man auch kohlenbürtiges Methan (CBM) und Tight Gas, ist im Bericht der EIA sogar von einem Beitrag in Höhe von 197 Mrd. US-Dollar zum BIP 2015 die Rede (GFZ o.A.: Welche Vorteile gibt es?).

Brent und WTI - der Unterschied

„Brent“ nennt sich die Ölsorte, welche in der Nordsee gefördert wird, während WTI das amerikanische Pendant hierzu bezeichnet.

Die Preise dieser beiden Größen verliefen lange Zeit beinahe identisch, jedoch sind seit ca. 2008 Unterschiede zu erkennen: der WTI wird günstiger gehandelt als der Brent.

Dieser Preisunterschied wird auch als *Spread* bezeichnet.

Gründe für die entstandenen Preisunterschiede liegen unter anderem in der verstärkten Ölförderung in den USA durch Fracking.

(Pröbstl 2011)

Des Weiteren hat das steigende Angebot an Energie aus inländischer Förderung zu einem starken Preisverfall globaler Reichweite geführt, was allerdings weniger den Gaspreis als den Ölpreis betrifft. Grund hierfür ist, dass der Ölpreis eine globalere Bedeutung besitzt (EIA 2013). Die USA verzeichneten im Jahre 2013 die niedrigste Öl-Importmenge seit 1996, und durch die rasante Entwicklung von Fracking sorgte das vorhandene Überangebot für eine kontinuierliche Maximierung des Spreads zwischen Western Texas Intermediate (WTI) und Brent. Dabei sanken die WTI-Preise seit 2008 stärker als das für Europa bedeutendere Pendant des Brent. Experten gehen davon aus, dass auch diese Entwicklung langfristigen Bestand haben wird, was im Schwinden der Nordseereserven mit gleichzeitiger Zunahme der US-Produktion begründet ist (Pröbstl 2011).

Die Wettbewerbsposition der USA wurde durch die gesamten Entwicklungen gestärkt und die gesamte Volkswirtschaft profitierte vom Fracking-Boom (Zittel 2015, S.10), was auch dem Kurs des US-Dollars zugutekam und ihn wieder stabilisierte.

Die bereits erwähnte Entstehung vielzähliger Arbeitsplätze betrifft diverse Bereiche des amerikanischen Arbeitsmarktes. Zahlreiche Unternehmen verschiedenster Branchen konnten durch den wachsenden Einsatz von Fracking ihre Werte steigern. Dazu gehören unter anderem die Chemiebranche sowie Unternehmen, welche sich dem reibungslosen Ablauf der Fracking-Prozesse widmen. Des Weiteren benötigen die Explorationsunternehmen entsprechende Ausrüstung und kompetentes Personal, insbesondere Maschinenbauer und Ingenieure, mit deren Hilfe die eingesetzten Techniken laufend effizienter gestaltet werden sollen. Dabei wird unter anderem an einer Fracking-Flüssigkeit geforscht, welche nicht den Einsatz von eventuell gefährlichen, schadhaften Chemikalien erfordert (Pflüger et.al. 2013, S.29ff). Transportunternehmen sorgen dafür, dass die Explorationsunternehmen vor Ort mit der Flüssigkeit sowie sauberem Wasser versorgt werden und übernehmen auch die bestimmungsgerechte Entsorgung der Flüssigkeiten. Auch die Metallindustrie gehört zu den Gewinnern der Entwicklungen, da für den weiteren Ausbau der Infrastruktur für Fracking große Mengen an Metall benötigt werden (ebd., S.32f). Abschließend sind die Betreiber von Gaskraftwerken zu erwähnen, da sich die Anzahl dieser durch die steigende Stromproduktion aus Gas von 2003 bis 2012 beinahe verdoppelt hat, was ebenfalls zum Rückgang der Energiepreise in den USA beitrug.

Mit Blick auf Deutschland lässt sich feststellen, dass besonders seit dem Beginn der kommerziellen Schiefergasförderung in den USA die Differenz zwischen den Energiepreisen für das produzierende Gewerbe dort und hierzulande anwächst, was zu schlechteren Standortbedingungen für energieintensive Unternehmen führt. Dies war zwar auch schon zuvor der Fall, konnte aber durch andere Faktoren wie die hohe Arbeitsproduktivität, die gut ausgebaute Infrastruktur und die Nähe zu Absatzmärkten wettgemacht werden (Müsgens et.al. 2013, S. 4). Durch die Steigerung der Preisdifferenz wird dieser Ausgleich jedoch immer schwieriger.

2.2.2 Auswirkungen auf Mensch und Umwelt

Im Gegensatz zu den ökonomischen Auswirkungen bewegen sich die positiven Auswirkungen auf Mensch und Umwelt in kleinerem Rahmen. Zunächst wäre hier eine Verknüpfung zum wirtschaftlichen Aufschwung zu erstellen: die 1,7 Millionen entstandenen Arbeitsplätze führten zu steigendem Wohlstand der Bevölkerung in den Regionen, in denen Fracking betrieben wird (Pflüger et.al. 2013, S.33) - es sind meist strukturschwache, ländlich geprägte Regionen (Zittel 2015, S.10), welche von der steigenden Wirtschaftskraft in hohem Maße profitieren konnten. Gleichzeitig sanken mit steigendem Angebot die Strom- und Gaspreise der USA. Nicht zu vernachlässigen ist auch die Tatsache, dass sich das Steueraufkommen der Staaten und Kommunen deutlich erhöhte und die gesamte Wirtschaft der USA florierte, wodurch die Lebensqualität der Menschen erhöht wurde. Diese Entwicklung hat heute noch Bestand, wenn auch nicht mehr im anfänglichen Ausmaß (GFZ o.A.: Welche Vorteile gibt es?).

Die Substitution fossiler Brennstoffe durch Erdgas wird unter anderem vorangetrieben durch die Hoffnung, die Treibhausgasemissionen verringern zu können - ein Ziel des im Jahre 2005 abgeschlossenen Kyoto-Protokolls. Dies ist insofern bereits gelungen, als dass Kohle als Primärenergieträger in den USA durch Fracking zurückgedrängt wurde. Da bei der Kohleverbrennung gegenüber Gas mehr Treibhausgase entstehen, kann man dies als Erfolg bezeichnen. Ausschließlich das Treibhausgas CO_2 betrachtet, sind dessen Emissionen in den USA derzeit so niedrig wie seit vielen Jahren nicht mehr, zum einen durch den Rückgang der industriellen Produktion während der Finanzkrise, zum anderen durch den vermehrten Einsatz von Gas (Delzeit et.al. 2013, S.7). In Zahlen ausgedrückt bedeutet dies eine Senkung der CO_2-Emissionen um 450 Mio. Tonnen von 2007 bis 2012 (OGP 2014, S.1).

Der Aspekt der Klimafreundlichkeit wird im folgenden Abschnitt erneut, allerdings von der anderen Seite beleuchtet und weitere negative Einflüsse von Fracking werden betrachtet.

2.3 Negative Auswirkungen und Risiken von Fracking

2.3.1 Umweltaspekte

Emissionen

Wie bereits erwähnt, konnten die USA ihre Emissionswerte für CO_2 bereits stark reduzieren - generell ein positiver und angestrebter Effekt von Fracking. Eine dauerhafte Reduktion der Treibhausgasemissionen wird aber nur möglich sein, wenn andere fossile Brennstoffe mit schlechterer Klimawirkung weitestgehend durch klimafreundlichere Alternativen substituiert werden, weswegen die Klimafreundlichkeit ein strittiges Argument darstellt (Europaparlament 2011, S. 35; Pflüger et.al. 2013, S.18). Fracking konnte nur so erfolgreich werden, weil die Umweltgesetze der USA im Jahr 2005 deutlich gelockert wurden (Zittel 2015, S.9; Blümer 2011). Bei der Streitfrage um die Umweltfreundlichkeit von Schiefergas spielen Methangasemissionen eine große Rolle, welche bei der Schiefergasförderung auftreten und deren Treibhauspotenzial erheblich höher ist als das von CO_2. Die Menge Methangas, die offiziellen Angaben zufolge beim Fracking-Prozess austreten kann - 2 bis 3% -, würde die Klimabilanz von Schiefergas zwar nicht hinter die von Methan platzieren; in der Praxis kommen allerdings oft höhere Austrittswerte vor - zwischen 3,6 und 7,9% - und die Klimabilanz von Schiefergas positioniert sich somit hinter der von Kohle. Es wird hier eine zu geringe Sorgfalt im Umgang mit den Maschinerien als Ursache für die höheren Methangaswerte angenommen, die also definitiv vermeidbar wären (Delzeit et.al. 2013, S.8). Weitere Emissionsquellen bei der Förderung von Schiefergas sind außerdem die benzinbetriebenen Maschinen (Aggregate, Pumpen, Kompressoren) sowie Transportfahrzeuge, die kontrollierte Gasverbrennung direkt an den Bohrstellen, Verflüchtigung der eingesetzten Chemikalien und auch Lecks an den Bohrstellen (Wood et.al. 2011, S.38; Europaparlament 2011, S.22/S.39). Die Transportfahrzeuge und Maschinen führen außerdem zu Luftverschmutzung und Lärmbelästigung.

Flächenverbrauch

Die stetig stark ansteigende Anzahl der Erdbevölkerung bedingt einen höheren Bedarf an Nahrungs- und Futtermitteln, wofür zunehmend Land verbraucht wird. Gleichzeitig wird immer mehr fruchtbare Fläche zur Biomasseproduktion und für andere Formen der Energiegewinnung genutzt und bei der Errichtung von Siedlungen, Infrastruktur sowie Industrieanlagen versiegelt. Somit geht ein Großteil an freien, unbebauten Flächen, welchen für unser Ökosystem eine immense Bedeutung zukommt, verloren (Delzeit et.al. 2013, S.8). Land gilt in der heutigen Zeit als knapp werdende Ressource und erfordert eine immer effizientere Nutzung. Daher ist der hohe Flächenverbrauch durch Fracking ein weiterer nennenswerter Aspekt, welcher im Folgenden betrachtet wird.

Die Lagerung der eingesetzten Flüssigkeiten, der technischen Ausstattung sowie der Abwässer in dafür geeigneten Becken sowie die Infrastruktur verbrauchen eine immense Fläche - in Pennsylvania beispielsweise umfasst eine Bohrstelle im Durchschnitt zwischen 16200 und 20250 m^2, also eine Fläche von 2-3 Fußballfeldern (Europaparlament 2011, S.20). In Zeiten, in welchen Land immer knapper wird, ist daher besonders der Energieertrag pro Flächeneinheit von Bedeutung (Delzeit et.al. 2013, S.8). Dieser Faktor variiert bei der Gewinnung von Schiefergas in den USA abhängig von der Beschaffenheit der Bohrstelle zwischen 35 und 55 Mio. m^3, da die benötigte Landfläche pro Bohrstelle ebenfalls auf dem Zusammenspiel diverser Faktoren beruht: die Anzahl der dort durchgeführten Bohrungen, eventuelle

Auflagen, die Bohranlage selbst. Delzeit et.al. (2013) zitieren ein Gutachten des nordrheinwestfälischen Ministeriums für Klimaschutz, Umwelt, Landwirtschaft, Natur- und Flächenverbrauch, welches von einer Fläche im Umfang von 1-2 Hektar pro Bohrloch ausgeht, und woraus ein Ertrag zwischen 122 und 432 kWh/ha resultiert. Des Weiteren fordern Delzeit et.al. einen Vergleich zu den erneuerbaren Energien zu ziehen, da ein Bohrloch im Vergleich nur kurzfristig genutzt werden kann und die verbrauchte Fläche viel Zeit zur Regenerierung benötigt. Bezieht man eine beispielhafte Regenerierungsperiode von 20 Jahren mit ein, reduziert sich der Ertrag auf 6-22 Mio. kWh/ha/Jahr - nichts desto trotz ein annehmbarer Wert: Energiegewinnung aus Biomasse ist im Vergleich bedeutend ertragsärmer (Delzeit et.al. 2013, S.9).

Induzierte Seismizität

Durch die künstlich erzeugten Risse in der Erdkruste kann es zu Erdbeben kommen - da von Menschenhand verursacht, nennt man dieses Phänomen *induzierte* Seismizität. Die Ursache liegt sowohl in der Wasserzufuhr als auch im Frackingvorgang selbst, mit welchem starke Schwingungen einhergehen. Die so entstandenen Erdbeben liegen für gewöhnlich zwischen 1 und 3 auf der Richter-Skala (Europaparlament 2011, S.30). Sie sind also in ihrer Stärke nicht vernichtend, allerdings häuften sich in den vergangenen Jahren diese kleinen Beben enorm und erregten große Aufmerksamkeit. Meldungen über solch induzierte seismische Ereignisse kamen unter anderem aus Ohio (USA) im Januar 2015 und Poland (USA) im März 2014. In Arkansas (USA) verzehnfachte sich die Anzahl kleiner lokaler Beben seit dem Beginn von Fracking; in der Region um Fort Worth (USA) geschahen seit Dezember 2008 achtzehn kleinere Beben; und in Cleburne (USA), eine Stadt in einer seit mindestens 140 Jahren erdbebenfreien Region, wurde innert eines Monats im Jahre 2009 sieben Beben registriert (ebd., S.30).

All diese Ereignisse zogen Untersuchungen nach sich, welche den Zusammenhang von Seismizität und Fracking sowie die daraus resultierenden weiteren Risiken für die Umwelt erforschen sollten (Delzeit et.al.2013, S.11). Die Seismologische Gesellschaft Amerikas nannte nach dem Erdbeben in Poland, Ohio (USA) im Januar 2015 Fracking als eindeutige Ursache dessen und identifizierten eine Reaktivierung einer bereits seit langem bestehenden, aber nicht bekannten Verwerfung durch die Aktivitäten an der Bohrstelle. Ein Vergleich der Frackingaktivitäten mit den vorkommenden Beben zeigte eine deutliche Übereinstimmung in Zeit und Raum, woraufhin die Arbeiten eingestellt wurden. Infolgedessen klangen die seismischen Ereignisse ab (Süddeutsche Zeitung 2015).

Um in der Zukunft die seismischen Ereignisse durch Fracking vermeiden zu können, wurde ein Verfahren zur Verringerung des Risikos entwickelt. Ursprünglich war es für die Geothermie entwickelt worden, lässt sich allerdings wegen der ähnlichen Techniken auch auf Fracking anwenden (GFZ o.A.: Welche Risiken gibt es?).

Wasser

Ein höchst umstrittener Punkt in Bezug auf Fracking ist der hohe Frischwasserverbrauch: einer Studie zufolge wurden am Barnett Shale (USA) im Jahr 2010 12-24 Mio. m^3 Wasser benötigt (Europaparlament 2011, S. 25). Das Wasser wird aus natürlichen Quellen oder aus dem Grundwasser bezogen und die benötigte Menge stellt prinzipiell nur in natürlich wasserarmen Gegenden ein Problem dar. Wird die Wasserentnahme nicht nach regionalen Gegebenheiten abgestimmt, kann es zu erheblichen Folgen für die Menschen als auch das Ökosystem kommen (Delzeit et.al. 2013, S.10). Gravierender jedoch sind Verunreinigungen von Wasser. Bei der Weiterverarbeitung zur Fracking-Flüssigkeit werden dem Wasser Zusätze und Chemikalien beigemischt. Anlass zur Sorge ist gegeben, sobald es zu Leckagen im Rohrsystem oder den Wasserauffangbecken kommt und das Grundwasser kontaminiert wird (Umweltbundesamt 2015). Drei Mal passiert das Fluid grundwasserführende Schichten unter der Erdkruste (Krüger 2011), bis in der Rückflussphase nach dem abgeschlossenen Bohrvorgang lediglich 50% der Flüssigkeit wieder an die Oberfläche gelangen und nun natürlich vorkommende Stoffe mit sich bringen - unter anderem radioaktive Substanzen (GFZ o.A.: Welche Risiken gibt es?). Die beigemischten Chemikalien ausgeschlossen, würden nach dem Frackingvorgang aus dem Gestein gelöste Stoffe wie Quecksilber, Arsen und andere hochgiftige im sogenannten Flowback vorkommen (Krüger 2011). Daher ist es von großer Bedeutung, die Flüssigkeit wieder aufzubereiten, um sie angemessen entsorgen oder auch wiederverwerten zu können. Leider gab es bereits Meldungen, welche über die Weiterleitung von verunreinigtem Wasser in Flüsse berichteten (GFZ o.A.: Welche Risiken gibt es?). Das Risiko einer Wasserkontamination erhöht sich mit der Anzahl der Bohrungen. Pflüger et.al. (2013) verweisen auf die Bundesanstalt für Geowissenschaften und Rohstoffe, welche den ausreichenden Schutz des Untergrundes durch wasserundurchlässige Beläge konstatiert, und eine Trinkwasserkontamination außerdem ausgeschlossen sei, da sich das Schiefergas weit unterhalb der trinkwasserführenden Schichten befindet und zudem die Bohrlochwände zementiert sein müssen (Pflüger et.al. 2013, S.17). Möglichkeiten, in unser Grund- oder Oberflächenwasser zu gelangen, gibt es aber dennoch über Unfälle der Transportfahrzeuge, Lecks in Leitungen bzw. Abwasserbecken sowie die natürlich vorkommenden und künstlich erzeugten Risse in der Erdkruste. Außerdem

führen der Bohrschlamm und die Chemikalien zur Versalzung von Wasser (Europaparlament 2011, S.27).
In Garfield County, Colorado (USA) konstatiert eine Studie aus dem Jahr 2008 einen deutlichen Zusammenhang zwischen den Fracking-Aktivitäten und Verschmutzungen der Umwelt: So wurden von 2003 bis 2008 in rund 20% aller Bohrungen Fälle von Wasserkontamination verzeichnet, Tendenz: steigend. In Gegenden mit hoher Bohrlochdichte liegt außerdem die Methangaskonzentration enorm hoch, was auch in späteren Studien bestätigt wird (z.B. Osborn 2011): in Gegenden mit aktiver Gasexploration lag demnach die Methangaskonzentration in Trinkwasserspeichern im Durchschnitt bei 19,2 mg/l, wobei auch durchaus höhere Werte mit möglicher Explosionsgefahr gemessen wurden. Infolgedessen kam es bereits zur Explosion einer Wohnanlage in Bainbridge, in welche Methan über die Trinkwasserversorgung hinein gelangte (Europaparlament 2011, S.28).

Ein weiterer Punkt ist die große Menge an Abwasser und im Gegenzug die nur sehr geringe Zahl von Kläranlagen in den USA. Dadurch kam es bereits mehrmals zu Fällen von unzulänglicher Entsorgung der Abwässer. Hierzu zählen der Austritt von 16 m^3 Flowback-Flüssigkeit in ein Feuchtbiotop im August 2010 sowie die Verschmutzung eines Wasserreservoirs in Pennsylvania im selben Monat, wofür die verantwortlichen Unternehmen mit Geldstrafen belangt wurden (Europaparlament 2011, S.29f).

2.3.2 Einfluss auf die Gesundheit von Mensch und Tierwelt

Der Einfluss von Fracking auf die menschliche Gesundheit ist bis zum heutigen Zeitpunkt kaum dokumentiert. Durch Emissionen von Gasen ins Wasser oder an die Luft scheint es allerdings recht häufig zu Beschwerden bei den Menschen zu kommen, die in der näheren Umgebung einer Bohrstelle leben. Besonders Kopfschmerzen und Migräne sind als Folgen von Fracking bekannt. Kontaminiertes Wasser ist besonders schädlich für Säuglinge und Kleinkinder und kann Allergien, Hautkrankheiten oder chronische Krankheiten hervorrufen. Bekannt ist der Fall einer Frau aus Silt, Colorado (USA), welche an einem sehr seltenen Tumor in der Nebenniere erkrankte. Dieser gilt als Nebeneffekt von 2-Butoxyethanol, eine chemische Substanz welche weltweit zahlreichen gesetzlichen Regelungen unterliegt (beispielsweise darf sie nicht in Dekorationsgegenständen oder Spielzeug verarbeitet werden) und deren Dämpfe über die Epidermis aufgenommen werden. Die Dame lebt weniger als einen Kilometer von einer Bohrstelle entfernt. Während eines Bohrvorgangs kam es laut Berichten zu einem Wasserrohrbruch, und einige

Zeit später wurde der Tumor entdeckt. In Onoganda County, New York (USA) besteht durch eine immens hohe Radonkonzentration in der Luft ein um 10% erhöhtes Lungenkrebsrisiko (Europaparlament 2011, S.31). Doch nicht nur Menschen sind betroffen, auch die Tierwelt wird von Fracking beeinflusst. So kam es in der Region um Dish, Texas (USA) zu häufigen Erkrankungen und auch zum Tod ungewöhnlich vieler Pferde (Europaparlament 2011, S.34f). Texas liegt an erster Stelle der Fracking-Staaten in den USA.

3. Entwicklung der Gasförderung durch Fracking in den USA

3.1 Allgemeine Daten

In den Vereinigten Staaten von Amerika entwickelte sich die kommerzielle Förderung von Schiefergas Anfang dieses Jahrtausends und stieg seit dem Jahre 2005 rasant an: während zu dieser Zeit circa 112 Mio. m³ Schiefergas pro Tag gefördert wurden, waren es nur 6 Jahre später bereits 694 Mio. m³ täglich - eine Steigerung um mehr als 600 Prozent (s. Abbildung 2). Diese auch als Shale-Gas-Revolution bezeichnete Entwicklung ist hauptsächlich den technologischen Innovationen zu verdanken.

Das im Osten befindliche Marcellus Shale ausgenommen, befinden sich alle Förderstätten der USA zentral oder an der Golfküste gelegen (Pflüger et.al 2013, S.20).

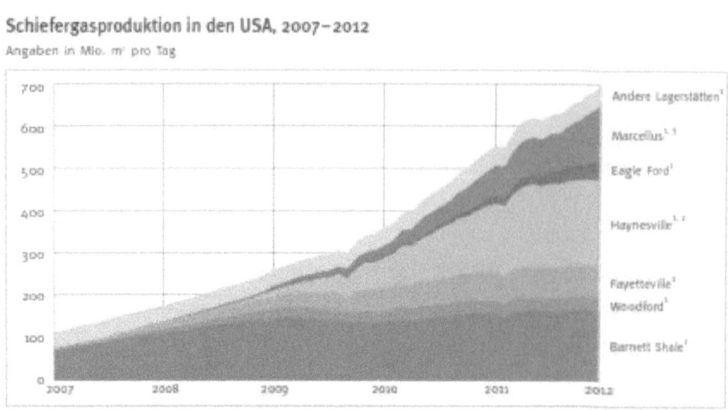

Abbildung 2: Schiefergas-produktion in den USA (Pflüger et. al 2013, S.20)

Wie in Abbildung 2 zu erkennen ist, werden 75% aller Vorkommen aus den drei Lagerstätten Haynesville, Barnett und Marcellus gewonnen; die erste kommerzielle Förderstätte, das Barnett Shale, wurde im Jahre 2011 von Haynesville als Lagerstätte mit der größten Fördermenge abgelöst. Im Laufe dieser rasanten Entwicklung sank der Gaspreis in den USA im globalen Vergleich überdurchschnittlich stark um 65% innerhalb von lediglich 7 Jahren (ebd., S. 20), wobei der Preisverfall auch durch die 2008 beginnende Wirtschaftskrise begünstigt wurde (Müsgens et.al. 2013). Die Preise in Asien belaufen sich auf das Vierfache, während die europäischen Preise zwischen den US-amerikanischen und den asiatischen liegen. Vom Anstieg der globalen Energiepreise im Jahr 2009 waren lediglich die USA und Kanada nicht betroffen (Delzeit et.al. 2013, S.3).

Ein weiterer Effekt der flächendeckenden Schiefergasförderung ist die sinkende Abhängigkeit der USA von anderen Staaten, da durch das Fracking sogar ein Überangebot an Erdgas besteht. Dies macht Importe überflüssig und ermöglicht zusätzlich den Export des Überangebotes, um den Preis innerhalb der Landesgrenzen stabil zu halten. So werden unter anderem Mexiko und Kanada mit dem nicht benötigten Erdgas versorgt, wodurch das US-amerikanische Exportvolumen von Erdgas auf mehr als 45 Milliarden m^3 anstieg und zeitgleich deren Importvolumen um 28% auf 88 Milliarden m^3 sank (Pflüger et.al. 2013, S.21). Doch auch in den USA wächst der Energiebedarf kontinuierlich an: durch Wachstum der Industrie, der privaten Haushalte und auch der Elektrizitätserzeugung durch Gas. Auf Grund des steigenden Angebots und der sinkenden Gaspreise nahm der Gasanteil an der Stromerzeugung von 2007 bis 2012 um 300% zu, die Anzahl der Gaskraftwerke verdoppelte sich nahezu, und energieintensive Unternehmen siedelten sich dank der günstigen Produktionsbedingungen zusehends in den USA an (Müsgens et.al. 2013, S.3). Blieben die Preise für Erdgas auf diesem niedrigen Niveau, würde der Verbrauch womöglich kontinuierlich weiter ansteigen. Daher sagt die EIA bis zum Jahre 2025 einen jährlichen Anstieg des Verbrauchs im produzierenden Gewerbe um 1,7% voraus und erwartet ebenfalls einen Anstieg der Nachfrage der privaten Haushalte (Pflüger et.al. 2013, S.22).

Zeitgleich mit dem Beginn der kommerziellen Schiefergasförderung kam es zur oben bereits genannten Erhöhung des Gasanteils an der Stromerzeugung, der heute beinahe doppelt so hoch ist als der Anteil an Kernenergie. Kohle konnte jedoch nicht von der Führungsposition als Primärenergieträger zurückgedrängt werden, wenn sich auch ihr Anteil an der Stromerzeugung von 50% auf nur noch 37,4% deutlich reduziert hat. Diese Entwicklung gilt allerdings nicht für die Gesamtproduktion von Kohle; so entsteht ein Überschuss für den Export und ein kompletter Verzicht auf Kohle ist nicht zu erwarten, da diese sich immer noch ökonomisch wertvoll zeigt (Pflüger et.al. 2013, S.23; Delzeit et.al. 2013, S.5). Der Sprung vom Energieimporteur zum -exporteur wurde also bereits bewältigt - und bis zum Jahr 2030 könnten sich laut Internationaler Energieagentur die USA vollständig selbst versorgen (Asendorpf 2012), wobei jedoch laut Pflüger et.al. die Reichweite von Erdgas alleine lediglich bei 12 Jahren liegt und eine komplett autarke Energieversorgung in den nächsten Jahren noch nicht zu erwarten ist (2013, S.24). Delzeit et.al. erwarten bis zum Jahr 2035 einen Anstieg der unkonventionellen Gasproduktion auf die Hälfte der kompletten Produktion (2013, S.3) und bekräftigen damit die Prognose der Internationalen Energieagentur, die USA könnten autark werden.

Durch die bisherige Substitution von Kohle durch Gas konnte in den USA bereits jetzt eine Verbesserung der Klimabilanz bewirkt werden, welche auch von den milden Wintern der letzten Jahre unterstützt wurde. Mit steigender Substitution von Kohle wird eine Fortsetzung dieses Trends erwartet (Pflüger et.al. 2013, S.23).

Neben dem bereits erwähnten Preisverfall in den USA kam es auch zu weiteren positiven ökonomischen Effekten durch die Schiefergasexploration. So berichtet die Studie „The Economic and Employment Contributions of Shale Gas in the United States" aus dem Jahr 2011 von 18,6 Milliarden US-$ an Steuereinnahmen durch Fracking und einen Beitrag zum Bruttoinlandprodukt 2010 von 76 Milliarden US-$. Im Jahr 2012 prognostiziert die Studie einen Beitrag zum BIP von 197 Milliarden US-$ im Jahr 2015 (GFZ o.A.: Welche Vorteile gibt es?), während sich die Schätzungen der Internationalen Gas-Union auf 118 Milliarden belaufen (IGU 2014). Im Jahr 2010 waren bereits rund 1 Million neuer Arbeitsplätze durch die Fracking-Branche entstanden, Tendenz: steigend. Der Bundesstaat Ohio verzeichnete alleine 38.380 Arbeitsplätze und 910 Mio. US-$ Umsatz für das Jahr 2011, auch hier wird ein Anstieg durch die anhaltende Entwicklung prognostiziert (GFZ o.A.: Welche Vorteile gibt es?).

Für die Vereinigten Staaten von Amerika ist der Fracking-Boom also bis heute eine großartige Entwicklung mit zahlreichen positiven Einflüssen, neben welchen die vorkommenden negativen Ereignisse (s. Abschnitt 2.3 dieser Arbeit) zu verblassen scheinen. Im folgenden Abschnitt werden detaillierte Informationen eines regionalen Raumbeispiels, dem Marcellus Shale in Pennsylvania, vorgestellt.

3.2 Zahlen und Fakten aus dem Marcellus Shale, Pennsylvania

- Sämtliche Informationen dieses Abschnittes stammen vom Pennsylvania Department of Environmental Protection 2013 -

Das Marcellus Shale ist die drittgrößte Fracking-Bohrstätte der USA und führte im Jahr 2012 zu ca. 150 Mio. m^3 täglichen Ertrags (s. Abbildung 2; Pflüger et. al. 2013, S.20). Die Gesteinsformation erstreckt sich unterirdisch über beinahe zwei Drittel des Bundesstaates Pennsylvania und zusätzlich noch über Teile der angrenzenden Bundesstaaten New York, Virginia und West Virginia sowie Kentucky, Ohio und Maryland (s. Abbildung 3).

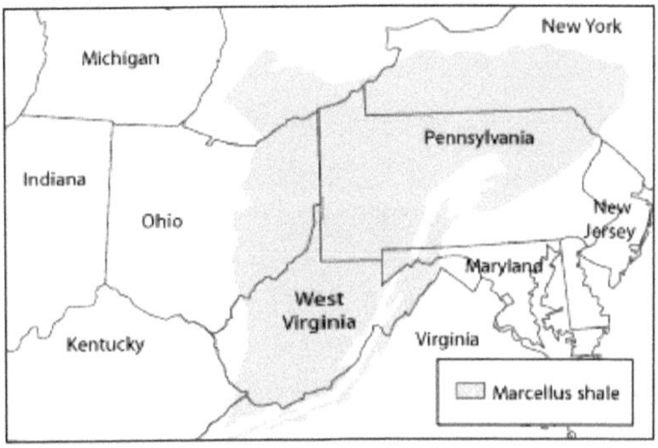

Abbildung 3: Fläche des Marcellus Shale

Dabei liegen die besonders ertragsreichen Schichten in etwa 1500 - 2600 Metern Tiefe, weswegen effiziente Vorgänge nur durch die Kombination aus horizontaler und vertikaler Bohrung erfolgen können. Eine Bohrung beginnt also vertikal, bis die gasführende Schicht erreicht ist, und wird dann in die Horizontale übergeleitet, woraufhin die künstlichen Risse erzeugt werden. Der Staat Pennsylvania konstatiert die ordnungsgemäße Zementierung und Versiegelung der Bohrlöcher, um Grundwasser zu schützen und den Austritt von Gas oder anderen Substanzen zu verhindern. Damit könnten beispielsweise die eingesetzten Chemikalien gemeint sein, welche ebenfalls vom Bundesstaat selbst auf einer Liste veröffentlicht wurde. Diese Liste finden Sie im Anhang.

Um im Marcellus Shale Schiefergas explorieren zu dürfen, ist es für die Konzerne erforderlich, eine Art Mietvertrag mit den dortigen Landbesitzern abzuschließen, welche unter anderem die finanziellen Bedingungen sowie Einzelheiten bezüglich des Landschaftsschutzes und Vertragsdauer enthalten. Dies dient insbesondere dem Schutz der Landbesitzer sowie der Landschaft selbst. Für Betroffene und Interessierte bietet die Penn State University Kurse und Schulungen zu Vertragsrechten und anderen Themengebieten an.

Fracking unterliegt in Pennsylvania mehreren Gesetzen, als da wären der ***Oil and Gas Act*** sowie der ***Coal and Gas Resource Coordination Act*** und das ***Oil and Gas Conservation Law***. Des Weiteren beinhalten zahlreiche Umweltschutzgesetze Abschnitte zur Öl- und Gasexploration und sorgen dafür, dass die Abläufe sicher und umweltschonend von Statten gehen. Ob alle Vorgaben eingehalten werden, überprüft das Department of Environmental Protection (DEP) regelmäßig. Ohne eine Genehmigung des DEP ist das Bohrvorhaben außerdem von Beginn an zum Scheitern verurteilt. Auch eine Bürgschaft muss hinterlegt werden, welche die Adäquanz, Zuverlässigkeit und Einhaltung der Vorschriften sicherstellen soll, welche im Folgenden beispielhaft erläutert werden.

- Liegt die Anzahl der Bohrlocher unter 25, müssen pro Bohrloch 10.000 US-$ hinterlegt werden - maximal jedoch 140.000 US-$. Werden zwischen 26 und 50 Bohrlöcher geplant, sind 140.000 US-$ Pauschale sowie zusätzlich 10.000 US-$ pro Bohrloch zu entrichten; mehr als 430.000 US-$ müssen jedoch nicht bezahlt werden. Für mehr als

150 Bohrlöcher liegt die Pauschale bei 430.000 US-$, die Gesamtsumme darf jedoch nicht höher als 600.000 US-$ sein.

- Eine weitere Vorschrift besagt, dass die Gesamtlänge der Bohrung maximal umgerechnet 1.830 Meter betragen darf. Am Bohrloch selbst muss die Nähe zu Lagerstätten für Wasser und Zusätze sowie zu geeigneten Entsorgungseinrichtungen nachgewiesen werden, und eventuelle Einflüsse auf die Umwelt werden vor Aufnahme jeglicher Aktivitäten von geschultem Personal des DEP überprüft. Bevor in tiefen Schichten gebohrt werden darf, werden die Unternehmer dazu verpflichtet, die Bohrlöcher zu versiegeln und zu zementieren um die Kontamination von Frisch- und Grundwasser zu verhindern. Halbjährlich muss zudem ein Bericht über die Produktion, vorgenommene und eventuell fertiggestellte Bohrungen sowie zur Abfallwirtschaft vorgelegt werden. Veränderungen in der Wasserqualität sind laut DEP meist nur temporär und zudem äußerst selten, falls es aber dazu kommt, erfordern die Gesetze des Staates Pennsylvania die Entsorgung oder Wiederaufbereitung der betroffenen Wassermengen. Sollte dies nicht zufriedenstellend geschehen, so kann beim DEP Beschwerde eingelegt werden, woraufhin Untersuchungen eingeleitet werden. Die Betreiber von Bohrstätten am Marcellus Shale werden also völlig in ihre Verantwortung genommen und müssen jegliche Konsequenzen tragen.
- Wird ein Bohrloch nicht mehr zur Extraktion genutzt, so muss es vom Betreiber verschlossen werden, und das Grundstück muss innerhalb von 9 Monaten wieder in den ursprünglichen Zustand zurückversetzt werden.
- Das Office of Oil and Gas Management des DEP veranlasst die jährliche Berichterstattung die Unversehrtheit der technischen Ausstattung jedes aktiven Bohrlochs betreffend; diese müssen ebenso wie die halbjährlichen Berichte der Betreiber elektronisch übermittelt werden.
- Beschleunigter Erosion oder Sedimentation durch die Bau- und Bohraktivitäten soll ebenfalls durch Reglementierungen des DEP Abhilfe geleistet werden. Dazu muss ein schriftlicher Plan zur Kontrolle von Erosion und Sedimentation erstellt werden, welcher mögliche Auswirkungen der Aktivitäten analysiert; so soll das Risiko minimiert werden. Je nach Ergebnis dieses Plans kann das DEP die Extraktion gewähren oder verhindern und zunächst dementsprechende Maßnahmen veranlagen.

Das DEP inspiziert also sämtliche Bohrstätten von der Konstruktion bis zur Versiegelung, um den Schutz von Grundwasser sowie Landschaft sicherzustellen und beschleunigte Erosion bzw. Sedimentation zu verhindern.

4. Fazit

Die Energieversorgung der Vereinigten Staaten von Amerika scheint durch den Ertrag aus Fracking bis auf weiteres gesichert: Die technisch förderbare Menge an Schiefergasressourcen liegt in den Vereinigten Staaten von Amerika bei 1161 Bio. Kubikfuß. Der Anteil von Schiefergas an der Gesamtmenge geförderten Erdgases in den USA lag im Jahr 2011 bei 34% und könnte laut dem jährlichen Energiebericht der EIA aus dem Jahr 2013 innerhalb der nächsten 35 Jahre auf sogar 50% ansteigen (GFZ o.A.: Welche Vorteile gibt es?). Die momentane Reichweite der Schiefergasvorkommen der USA beträgt 22 Jahre, wird jedoch ebenfalls mit dem technischen Fortschritt steigen. Es ist also denkbar, dass die inländische Erzeugung von Schiefergas zur Deckung des langfristigen Energiebedarfs der USA beiträgt.

Aktuelle Prognosen zeigen zudem deutlich, dass die Bedeutung von Erdgas als fossilem Energieträger zukünftig wachsen wird, wohingegen Kohle und Öl eine weniger wichtige Rolle einnehmen werden. Gerade in den USA sind die Bedingungen für Fracking nahezu perfekt: Infrastruktur als auch Know-How sind bereits vorhanden, die Vorkommen bieten dem Land große Möglichkeiten. Allerdings sind die durch Fracking förderbar gemachten Mengen lediglich eine zusätzliche Quelle zu den konventionellen Reserven und verringern die Abhängigkeit Amerikas von anderen Ländern. Die Gaspreise stellen derzeit und aller Voraussicht nach auch in Zukunft kein Hindernis dar - schließlich sind sie in den USA selbst nicht so stark zurückgegangen wie in Asien oder bei uns in Europa. Trotz allem führte das niedrige Preisniveau bereits zur Stilllegung mehrerer Bohranlagen (Hahn 2015) sowie zum Rückzug einiger Konzerne aus dem Fracking-Geschäft (Stoppel 2015).

Fracking leistete in den vergangenen Jahren einen großen Beitrag zum wirtschaftlichen Aufschwung der Vereinigten Staaten von Amerika: Arbeitsplätze wurden geschaffen, hohe Umsätze wirkten sich positiv auf das Bruttoinlandsprodukt der USA aus und stellen eine zusätzliche Quelle großer Mengen Steuergelder dar. Die im Vergleich zur Kohle geringen Emissionswerte fallen ebenfalls positiv in das Gesamtbild. Momentan scheint der Boom jedoch abzuflachen. Fakt ist auch, dass Schiefergas nicht annähernd so gute Klimawerte erreichen kann wie erneuerbare Energien, und zudem die Kohleförderung in den USA keineswegs nachlässt - der hier entstehende Überschuss wird exportiert und sorgt in anderen Ländern und Regionen der Erde für eine Zunahme schädlicher Treibhausgasemissionen. Diese Problematik muss nach Meinung der Autorin in der Zukunft stärker angegangen werden, um die positiven Effekte von Fracking nicht zu überlagern. Geschieht dies nicht, führt Schiefergas höchst wahrscheinlich trotz seiner relativ positiven Emissionswerte zur Verschlechterung der globalen Klimabilanz und erreicht somit das Gegenteil vom ursprünglich Bezweckten. Auch dürfen die weiteren Risiken keinesfalls außen vor gelassen werden. Es ist eindeutig notwendig, die Menschen sowie die Umwelt zu schützen - dafür müssen auch in Zukunft alle Maßnahmen getroffen werden.

Schiefergas hat in der nahen Zukunft das Potenzial zur Primärenergiequelle der USA, jedoch muss die Politik alle Vorkehrungen treffen, um die Bevölkerung und die Umwelt vor potenziellen Gefahren zu beschützen. Dies scheint bereits der Fall zu sein: laut Bericht der Umweltbehörde EPA gibt es keinen Grund zur Sorge, was Verschmutzungen von Trinkwasservorkommen und Grundwasser betrifft (Jahn 2015) - allerdings müssen nach Ansicht der Autorin jegliche möglichen Gefahrenquellen langfristig unter Beobachtung gesetzt werden. Auch ist es der Autorin dieser Arbeit ein großes Anliegen, dass weiter intensive Forschung im Feld der regenerativen Energien betrieben wird, damit auch hier Innovationen und Fortschritt Einzug halten können - schließlich bieten diese die einzig wahre klimafreundliche Möglichkeit, Energie zu produzieren. Außerdem sind auch die unkonventionellen Energievorkommen nicht endlos. Die Aussichten, die dem „Land der unbegrenzten Möglichkeiten" durch Fracking geboten werden, sind also nicht grenzenlos, aber dennoch sehr weitreichend. Schiefergas wird nicht umsonst als revolutionär bezeichnet - in der nahen Zukunft bietet Schiefergas eine verlässliche Energiequelle.

Quellenverzeichnis

- 3sat (2014): Fracking in der Wüste. Streit um Schiefergasförderung im südlichen Afrika. Mainz: Zweites Deutsches Fernsehen. Online (26.08.2015): http://www.3sat.de/page/?source=/nano/umwelt/175599/index.html
- Asendorpf, Dirk (2012): Im Rausch. Hamburg: ZEIT ONLINE GmbH. Online: http://www.zeit.de/2012/48/Energiemarkt-Gas-Erdoel-Fracking
- Blümer, Jürgen (2011): Abgefrackt. Berlin: THE EUROPEAN MAGAZINE Publishing GmbH. Online (26.08.2015): http://www.theeuropean.de/juerger-bluemer/7521-fracking-und-umweltschaeden
- Bundesanstalt für Geowissenschaften und Rohstoffe (o.A.): Wissenswertes über Schiefergas. Bundesrepublik Deutschland. Online (26.08.2015): http://www.bgr.bund.de/DE/Themen/Energie/Projekte/laufend/NIKO/FAQ/faq_inhalt.html?nn=1547280#doc2873096bodyText5
- Bundeszentrale für politische Bildung (2015): Die Talfahrt des Ölpreises. Bonn: Bundeszentrale für politische Bildung. Online (27.08.2015): http://www.bpb.de/politik/hintergrund-aktuell/200167/entwicklung-des-oelpreises
- Bülow, Martin (2015): Der Ukraine-Konflikt - Welche Rolle spielt *Fracking Gas*? Berlin: Research Gate GmbH. Online (26.08.2015): http://www.researchgate.net/profile/Martin_Buelow3/publication/272788076_Der_Ukraine-Konflikt._-_Welche_Rolle_spielt_Fracking_Gas_/links/54ee08e50cf2e2830863e715.pdf
- Burgartz, Josefin (2013): Fracking in Nordhessen. Der Widerstand gegen das Fördern von unkonventionellem Erdgas. In: Entwicklungsperspektiven Nr. 103: Energie und Demokratie. Kassel: university press
- Delzeit et. al. (2013): Fracking, globale Energiemärkte und die zukünftige Klimapolitik. Kiel: Institut für Weltwirtschaft
- Department of Environmental Protection (Hrsg., 2013): Marcellus Shale Formation. Pittsburgh: PA Department of Environmental Protection. Online (26.08.2015): http://www.portal.state.pa.us/portal/server.pt/community/marcellus_shale/20296
- European Parliament - Directorate General for Internal Policies (Hrsg, 2011): Impacts of Shale Gas and Shale Oil Extraction on the Environment and on Human Health. Brüssel: Europaparlament
- Fig, David (2013): Gefahr durch Fracking. In: Afrika Süd, Heft 5/2013. Bonn: Informationsdienst südliches Afrika
- Hahn, Dorothea (2015): Billiges Öl beendet den Boom. Berlin: TAZ Verlags- und Vertriebs GmbH. Online (26.08.2015): http://www.taz.de/!5019598/
- Helmholtz-Zentrum Potsdam - Deutsches GeoForschungszentrum GFZ (Hrsg., o.A.): Was ist Schiefergas? Potsdam: Helmholtz-Zentrum. Online (26.08.2015): http://www.shale-gas-information-platform.org/de/was-ist-schiefergas.html
- Helmholtz-Zentrum Potsdam - Deutsches GeoForschungszentrum GFZ (Hrsg., o.A.): Wo kommt Schiefergas vor? Potsdam: Helmholtz-Zentrum. Online (26.08.2015): http://www.shale-gas-information-platform.org/de/wo-kommt-schiefergas-vor.html

- Helmholtz-Zentrum Potsdam - Deutsches GeoForschungszentrum GFZ (Hrsg., o.A.): Welche Vorteile gibt es? Potsdam: Helmholtz-Zentrum. Online (26.08.2015): http://www.shale-gas-information-platform.org/de/welche-vorteile-gibt-es.html
- Helmholtz-Zentrum Potsdam - Deutsches GeoForschungszentrum GFZ (Hrsg., o.A.): Welche Risiken gibt es? Potsdam: Helmholtz-Zentrum. Online (26.08.2015): http://www.shale-gas-information-platform.org/de/welche-risiken-gibt-es.html
- Horsfield et. al. (2011): Geo-Energie: Konventionelle und unkonventionelle fossile Ressourcen. Potsdam: Deutsches Geo-Forschungszentrum GFZ
- IGU (2014): Natural Gas Facts & Figures. New Approach and Proposal. Fornebu (Norwegen): International Gas Union. Online (26.08.2015): http://www.igu.org/sites/default/files/Part%201%28Oct14%29-%20Production%20and%20Reserves.pdf
- Jahn, Thomas (2015): Gefahr für das Grundwasser? In: Handelsblatt vom 8.6.2015. Düsseldorf: Handelsblatt GmbH
- Krüger, Jörn (2011): Klima on the rocks. Berlin: THE EUROPEAN MAGAZINE Publishing GmbH. Online (26.08.2015): http://www.theeuropean.de/krueger-joern/7540-klimakiller-fracking
- Krüger, Jörn (2011): Australien: New South Wales verlängert Fracking Moratorium. Nordwalde: Unkonventionelle Gasförderung. Online (26.08.2015): http://www.unkonventionelle-gasfoerderung.de/2011/07/22/australien-new-south-wales-verlaengert-fracking-moratorium/
- Müsgens et.al. (2013): Fracking in Deutschland und Europa - Hype oder Chance? In: Ifo Schnelldienst, Ausgabe 24/2013. München: ifo Institut
- OGP - International Association of Oil & Gas Producers (2014): Schiefergas & Hydraulic Fracturing. Eine sichere, saubere, verlässliche und wettbewerbsfähige Energiequelle für Europa. London: OGP. Deutsche Übersetzung durch den Wirtschaftsverband Erdöl- und Erdgasgewinnung e.V. (WEG), Januar 2014
- Pflüger et.al. (2013): Fracking. Strategie 2030 - Vermögen und Leben in der nächsten Generation. Kiel: Leibniz-Informationszentrum Wirtschaft
- Pröbstl, Georg (2011): WTI/Brent - der große Unterschied. München: Finanzen Verlag GmbH. Online (26.08.2015): http://www.finanzen.net/nachricht/zertifikate/Rohoel-WTI-Brent-Der-grosse-Unterschied-1036016
- Schwan, Ben (2014): Schiefergas in China: es fließt nicht. Hannover: Heise Medien GmbH & Co. KG. Online (26.08.2015): http://www.heise.de/newsticker/meldung/Schiefergas-in-China-Es-fliesst-nicht-2293501.html
- Simon et. al. (2013): Ressourcenschwindel Schiefergas. In: Schriften zur Ökologie, Band 34. Berlin: Heinrich-Böll-Stiftung
- Stoppel, Kai (2015): Wird Russland Sieger des Öl-Preiskampfs? Köln: n-tv - Mitglied der Mediengruppe RTL Deutschland. Online (26.08.2015): http://www.n-tv.de/wirtschaft/Wird-Russland-Sieger-des-Oel-Preiskampfs-article14334461.html
- Süddeutsche Zeitung Digitale Medien GmbH (Hrsg., 2015): Fracking verursachte Erdbeben in Ohio. München: Süddeutscher Verlag. Online (26.08.2015): http://www.sueddeutsche.de/news/wissen/wissenschaft-fracking-verursachte-erdbeben-in-ohio-dpa.urn-newsml-dpa-com-20090101-150105-99-02556

- Team Ewen (o.A.): Informations- & Dialogprozess über die Sicherheit und Umweltverträglichkeit der Fracking-Technologie für die Erdgasgewinnung. Im Auftrag der ExxonMobil Production Deutschland GmbH, Abteilung POAP. Online (08.09.2015): http://dialog-erdgasundfrac.de/fracking#
- Umweltbundesamt (2015): Fracking. Bundesrepublik Deutschland. Online (26.08.2015): http://www.umweltbundesamt.de/themen/wasser/gewaesser/grundwasser/nutzung-belastungen/fracking
- U.S. Energy Information Administration (2013): Technically Recoverable Shale Oil and Shale Gas Resources: An Assessment of 137 Shale Formations in 41 Countries Outside the United States. Washington: U.S. Department of Energy. Online (26.08.2015): http://www.eia.gov/analysis/studies/worldshalegas/
- U.S. Energy Information Administration (2015): Annual Energy Outlook 2015 - With Projections to 2040. Washington: U.S. Department of Energy. Online (26.08.2015): www.eia.gov/forecasts/aeo
- Vogt, Jürgen (2013): Argentinische Enttäuschung: Chevron darf fracken. Berlin: TAZ Verlags- und Vertriebs GmbH. Online (26.08.2015): http://www.taz.de/!5063025/
- Wirtschaftsverband Erdöl- und Erdgasgewinnung e.V. (Hrsg., 2008): Erdgas - Erdöl: Entstehung - Suche - Förderung. Hannover: WEG
- Wood et. al. (2011): Shale gas: a provisional assessment of climate change and environmental impacts. Manchester: Tyndall Centre for Climate Change Research
- Zittel, Dr. Werner (2015): Fracking - eine Zwischenbilanz. Berlin: Energy Watch Group

Anhang

Liste der im Marcellus Shale eingesetzen Fracking Zusätze

Der Staat Pennsylvania hat in den USA die Liste der folgenden Chemikalien veröffentlicht, die beim Fracking eingesetzt werden:

Englische Bezeichnung	Deutsche Bezeichnung	EU-Geffahrstoffkennzeichnung
1,2,4-Trimethylbenzene	Pseudocumol	Xn = Gesundheitsschädlich N = Umweltgefährlich
1,3,5 Trimethylbenzene	Mesitylen	Xi = Reizend; N N
2,2-Dibromo-3-Nitrilopropionamide	2,2-Dibromcyanacetamid	C = Ätzend
2-butoxyethanol	Ethylenglycolbutylether	Xn
2-Ethylhexanol	2-Ethylhexanol	*Nicht bekannt*
2-methyl-4-isothiazolin-3-one	Methylisothiatolinon	T = Giftig; N
5-chloro-2-methyl-4-isothiazolin-3-one	Chlormethylisothiazolinon	T, N
Acetic Acid	Essigsäure	C
Acetic Anhydride	Essigsäureanhydrid	C
Alchohol Ethoxylated	Ethoxylierte Alkohole	Zu Ethylenoxid: T; F+ = Hochentzündlich
Aliphatic Acid Methanol	Methansäure	C
Aliphatic Alcohol Polyglycol Ether	*Nicht bekannt*	*Nicht bekannt*
Aluminum Oxide	Aluminiumoxid	*Nicht bekannt*
Ammonia Bifluoride	Ammoniumbifluorid	T; C
Ammonia Bisulfite	Ammoniumbisulfit	Xi
Ammonium chloride	Ammoniumchlorid	Xn
Ammonium Salt	Ammoniumnitrit	*Nicht bekannt*
Ammonia Persulfate	Ammoniumpersulfat	O = Brandfördernd; Xn
Boric Acid	Borsäure	T
Boric Oxide	Boroxid	T
Citric Acid	Citronensäure	Xi
Cristobalite	Cristobalit	*keine*
Quartz	Quartz	*keine*
Dazomet	Dazomet	Xn; N
Diatomaceus Earth Propan-2-01	Kieselerde mit Propananteil	Propan: F+
Diesel (use discontinued)	Diesel (Nutzung ausgesetzt)	Xn
Diethylbenzene	Diethylbenzol	Xi
Doclecylbenzene	*Nicht bekannt*	*Nicht bekannt*
Ethane-1,2-diol	Ethylenglycol	Xn

Ethoxylated Octylphenol	Octylphenol-Ethoxylate	Xn
Ethylbenzene	Ethylbenzol	Xn; F = Leichtentzündlich
Ethylene Glycol	Ethylenglycol	Xn
Ferrous Sulfate Heptahydrate	Eisensulfat	Xn
Formaldehyde	Formaldehyd	T
Glutaraldehyde	Glutaraldehyd	T; N
Glycol Ethers (includes 2BE)	Glycolether (inkl. 2-Butoxyethanol)	s. Butoxyethanol
Guar gum	Guaran	*keine*
Hemicellulase Enzyme	Hemicellulase	*keine*
Hydrochloric Acid	Salzsäure	C
Hydrotreated light distillate		
Hydrotreated Light Distilled		
Iron Oxide; Isopropanol	Eisenoxid	*keine*
Isopropyl Alcohol	Isopropylalkohol	F; Xi
Kerosine	Kerosin	Xn; N
Nitrate	Diverse Nitrate	*keine*
Magnesium	Magnesium	F
Crystalline Silica	Kristallines Siliciumdioxid	*keine*
Mineral Spirits	Leichtbenzine	F; Xn; N
Monoethanolamine	Monoethanolamin	C
Naphthalene	Naphtalin	Xn; N
Nitrilotriacetamide	Nitrilotriacetamid	Xn
Oil Mist	Ölnebel	*keine*
Petroleum	Petroleum	Xn; N
Polyethylene Glycol Mixture	Polyethylen-Glykol-Mischungen	*Nicht bekannt*
Polysaccharide	Polysaccharid	Keine
Potassium Carbonate	Kaliumkarbonat	Xi
Potassium Chloride	Kaliumchlorid	Keine
Potassium Hydroxide	Kaliumhydroxid	C
Prop-2-yn-1-01	2-Propin-1-yl-acetat	*Nicht bekannt*
Propargyl Alcohol	Propargylalkohol	T; N
Propylene	Propylen	F+
Sulfonic Acid	Sulfonsäure	*Nicht bekannt*
Sodium Ash	Natriumkarbonat	Xi
Sodium Bicarbonate	Natriumhydrogenkarbonat	Keine
Sodium Chloride	Natriumchlorid	Keine
Sodium Hydroxide	Natriumhydroxid	C
Sucrose	Saccharose	Keine
Tetramethylammonium Chloride	Tetramethyammoniumchlorid	*Nicht bekannt*
Titanium Oxide	Titandioxid	Keine

Toluene	Toluol	F; Xn
Xylene	Xylole	Xn

Quellenangaben zum Anhang:

Krüger, Jörn (o.A.): Chemikalien beim Fracking. Nordwalde: Unkonventionelle Gasförderung. Online (08.09.2015): http://www.unkonventionelle-gasfoerderung.de/was-ist-unkonventionelle-gasforderung/chemikalien/

Linguee GmbH Köln (Hrsg.) - Online (08.09.2015): www.linguee.de

Royal Society of Chemistry (Hrsg., 2015) - Online (08.09.2015): www.chemspider.com

Spektrum der Wissenschaft Verlagsgesellschaft mbH Heidelberg (Hrsg.) - Online: www.spektrum.de

Wikimedia Deutschland - Gesellschaft zur Förderung Freien Wissens e.V. Berlin (Hrsg.) - online (08.09.2015): www.wikipedia.de